Mina Kumari

O futuro desvendado: Ciência e Tecnologia no Século XXI

Mina Kumari

O futuro desvendado: Ciência e Tecnologia no Século XXI

ScienciaScripts

Cover image: www.ingimage.com

This book is a translation from the original published under ISBN 978-620-7-80923-3.

Publisher:
Sciencia Scripts
is a trademark of
Dodo Books Indian Ocean Ltd. and OmniScriptum S.R.L publishing group

120 High Road, East Finchley, London, N2 9ED, United Kingdom
Str. Armeneasca 28/1, office 1, Chisinau MD-2012, Republic of Moldova, Europe
Printed at: see last page
ISBN: 978-620-8-13747-2

O futuro desvendado: Ciência e Tecnologia no Século XXI

Por

Dr. Mina Kumari

Universidade K.R. Mangalam, Sohna, Gurugram

Prefácio

Na paisagem em rápida evolução do século XXI, a ciência e a tecnologia emergiram como os dois motores que impulsionam a humanidade para novas fronteiras. Este livro, "The Future Unveiled: Ciência e Tecnologia no Século XXI", explora o impacto transformador destes avanços nas nossas vidas, sociedades e no mundo em geral. Da inteligência artificial à biotecnologia, da exploração espacial à energia renovável, cada capítulo aprofunda as notáveis inovações que estão a moldar o nosso futuro.

Saudações calorosas
Dr. Mina Kumari

Índice

Capítulo 1: A ascensão da Inteligência Artificial

Introdução

A Inteligência Artificial (IA) é uma das tecnologias mais transformadoras do século XXI, remodelando as indústrias, as sociedades e o próprio tecido da existência humana. Este capítulo explora a evolução da IA, traçando as suas origens, examinando as suas aplicações actuais e prevendo as suas implicações futuras.

Origens da IA

As raízes da IA remontam a meados do século XX, quando pioneiros como Alan Turing e John McCarthy lançaram as bases teóricas. O trabalho seminal de Turing sobre computação e o conceito de "máquina universal" prepararam o terreno para o desenvolvimento de máquinas inteligentes capazes de simular os processos de pensamento humano. A invenção do termo "inteligência artificial" por McCarthy, em 1956, marcou o início formal da IA como domínio de estudo.

Desenvolvimentos iniciais e marcos importantes

O percurso da IA passou por várias fases de desenvolvimento:

- **IA simbólica:** Os primeiros anos centraram-se no raciocínio simbólico e nos sistemas especializados, em que os sistemas de IA eram concebidos para manipular símbolos para resolver problemas.
- **Aprendizagem automática:** Na década de 1990, a aprendizagem automática emergiu como uma abordagem dominante, permitindo que os sistemas de IA aprendessem com os dados e melhorassem o seu desempenho ao longo do tempo.
- **Revolução da aprendizagem profunda:** Na década de 2010, a aprendizagem profunda, alimentada por redes neurais e grandes quantidades de dados, revolucionou as capacidades de IA, levando a avanços no reconhecimento de imagem e fala, processamento de linguagem natural e muito mais.

Aplicações contemporâneas

Atualmente, a IA está presente em vários aspectos da nossa vida:

- **Cuidados de saúde:** A IA ajuda nos diagnósticos médicos, na descoberta de medicamentos e nos planos de tratamento personalizados, melhorando a eficiência e a precisão.

- **Finanças:** Os algoritmos de IA analisam grandes quantidades de dados financeiros para negociação, avaliação de riscos e deteção de fraudes.
- **Transportes:** Os veículos autónomos dependem da IA para a navegação e a tomada de decisões, prometendo sistemas de transporte mais seguros e mais eficientes.
- **Serviço ao cliente:** Os chatbots e os assistentes virtuais alimentados por IA fornecem respostas instantâneas e experiências personalizadas aos consumidores.

Implicações éticas e sociais

Apesar dos seus potenciais benefícios, a IA suscita profundas preocupações éticas e sociais:

- **Deslocação de empregos:** A automatização impulsionada pela IA ameaça perturbar os mercados de trabalho, exigindo reconversão e adaptação.
- **Preconceito e equidade:** Os sistemas de IA podem perpetuar os preconceitos presentes nos dados de treino, conduzindo a resultados injustos em áreas como a contratação e a justiça penal.
- **Privacidade e vigilância:** A recolha e a utilização de grandes quantidades de dados pessoais pelos sistemas de IA suscitam preocupações quanto à privacidade e à autonomia individual.

Perspectivas futuras

Olhando para o futuro, a IA está pronta para continuar a sua rápida evolução:

- **IA na robótica:** Os avanços na IA permitirão robôs mais sofisticados e autónomos, transformando as indústrias, desde a produção até aos cuidados de saúde.
- **IA e criatividade:** Os sistemas de IA são cada vez mais capazes de realizar tarefas criativas, como a criação de arte, a composição musical e até a descoberta científica.
- **IA ética:** Estão a ser envidados esforços para desenvolver quadros e

regulamentos éticos para reger a implantação e utilização da IA, garantindo que serve o bem comum e minimizando os riscos.

O surgimento da inteligência artificial representa um momento decisivo na história da humanidade, oferecendo oportunidades sem precedentes e desafios significativos. À medida que a IA continua a evoluir, compreender as suas origens, capacidades actuais e trajectórias futuras é essencial para navegar nas complexidades de um mundo cada vez mais moldado por máquinas inteligentes.

Considerações éticas e implicações sociais da IA

A Inteligência Artificial (IA) é extremamente promissora para revolucionar vários aspectos da vida humana, mas o seu rápido avanço também suscita preocupações éticas e implicações sociais significativas.

Esta secção analisa as considerações éticas multifacetadas e os impactos sociais associados às tecnologias de IA.

1. Preconceito e equidade

Os sistemas de IA são treinados em grandes conjuntos de dados que podem refletir preconceitos presentes na sociedade, conduzindo a resultados tendenciosos:

- Preconceitos **algorítmicos:** Os preconceitos nos dados de formação podem perpetuar ou exacerbar as desigualdades sociais, afectando as decisões relacionadas com a contratação, o crédito e a justiça penal.
- **Equidade:** Garantir a equidade nos sistemas de IA exige medidas proactivas para identificar e atenuar os enviesamentos, como a representação de conjuntos de dados diversificados e a auditoria algorítmica.

2. Privacidade e vigilância

As tecnologias de IA recorrem frequentemente a grandes quantidades de dados pessoais, o que suscita preocupações em matéria de privacidade e vigilância:

- **Privacidade dos dados:** Os sistemas de IA recolhem, analisam e utilizam dados pessoais para vários fins, necessitando de medidas robustas de proteção de dados e de quadros de consentimento do utilizador.

- **Vigilância:** A utilização da IA nas tecnologias de vigilância suscita preocupações quanto à vigilância em massa e às suas implicações para as liberdades civis e a autonomia individual.

3. Responsabilidade e transparência

A opacidade dos processos de decisão da IA coloca desafios em matéria de responsabilização e transparência:

- **Explicabilidade:** Os algoritmos de IA, em especial os que se baseiam na aprendizagem profunda, podem produzir resultados complexos que são difíceis de explicar ou interpretar, o que torna difícil responsabilizar os sistemas de IA pelas suas decisões.
- **Quadros regulamentares:** O desenvolvimento de quadros regulamentares que garantam a transparência do processo de tomada de decisões em matéria de IA e a responsabilização pelos resultados é crucial para promover a confiança e responder às preocupações éticas.

4. Deslocação de postos de trabalho e impacto económico

A automatização impulsionada pela IA tem o potencial de perturbar 6 mercados de trabalho e estruturas socioeconómicas:

- **Deslocação de postos de trabalho:** A automatização impulsionada pelas tecnologias de IA poderá levar à deslocação de trabalhadores em vários sectores, necessitando de políticas e programas de requalificação e transição de emprego.
- **Desigualdade de rendimentos:** A distribuição desigual dos benefícios económicos da IA pode exacerbar a desigualdade de rendimentos, sublinhando a necessidade de políticas económicas inclusivas e de redes de segurança social.

5. Utilização ética da IA na guerra e na segurança

A utilização da IA em aplicações militares e de segurança levanta questões éticas sobre a sua utilização na guerra e na vigilância:

- **Armas autónomas:** As preocupações com o desenvolvimento e a utilização de sistemas de armas autónomas letais (LAWS) levantam dilemas éticos relativamente à responsabilidade, proporcionalidade e preservação da dignidade humana.

- **Cibersegurança:** A utilização da IA na cibersegurança apresenta desafios de dupla utilização, equilibrando a necessidade de defesas robustas contra as ciberameaças com preocupações sobre as capacidades ofensivas e a potencial utilização indevida.

6. Impacto nos valores e relações humanas

A integração da IA na vida quotidiana influencia os valores humanos e as interações sociais:

- **Interação Homem-Máquina:** Os dispositivos alimentados por IA e os assistentes virtuais redefinem as relações homem-máquina, colocando questões sobre empatia, confiança e dependência.
- **Isolamento social:** O aumento da dependência das tecnologias de IA para a comunicação e companhia pode contribuir para o isolamento social e a erosão das redes sociais tradicionais.

Conclusão

Navegar pelas implicações éticas e sociais da IA requer uma abordagem multidisciplinar que integre a inovação tecnológica com princípios éticos, supervisão regulamentar e diálogo social. Ao abordar os preconceitos, salvaguardar a privacidade, garantir a transparência e promover políticas económicas inclusivas, a sociedade pode aproveitar o potencial transformador da IA, mitigando simultaneamente os seus riscos e promovendo o desenvolvimento ético da IA para benefício de todos.

Perspectivas futuras: O papel da IA na transformação dos sectores e da vida quotidiana

A Inteligência Artificial (IA) continua a evoluir a um ritmo acelerado, prometendo impactos transformadores em várias indústrias e na vida quotidiana. Esta secção explora os potenciais papéis futuros da IA, destacando a sua influência nas indústrias e a sua integração nas actividades diárias.

1. Cuidados de saúde

Os avanços da IA nos cuidados de saúde são muito promissores para melhorar o diagnóstico, o tratamento e os resultados dos doentes:

- **Imagiologia médica:** Os algoritmos de IA podem analisar imagens médicas com elevada precisão, ajudando na deteção precoce de doenças como o cancro e facilitando planos de tratamento personalizados.
- **Descoberta de medicamentos:** As simulações e os algoritmos baseados em IA aceleram a descoberta e o desenvolvimento de novos produtos farmacêuticos, reduzindo os custos e o tempo de colocação no mercado.
- **Medicina personalizada:** A IA analisa os dados genómicos e os históricos dos pacientes para adaptar os tratamentos, optimizando a eficácia e minimizando os efeitos secundários.

2. Finanças

No sector financeiro, a IA melhora os processos de tomada de decisão e a gestão dos riscos:

- **Negociação algorítmica:** Os algoritmos de IA analisam as tendências e os dados do mercado para tomar decisões de negociação rápidas, optimizando a gestão da carteira e minimizando os riscos.
- **Deteção de fraudes:** A IA detecta padrões suspeitos e anomalias nas transacções financeiras, aumentando a segurança e reduzindo as actividades fraudulentas.
- **Serviço ao cliente:** Os chatbots alimentados por IA fornecem apoio personalizado ao cliente, tratando as questões e transacções de forma eficiente.

3. Transporte

A IA está pronta para revolucionar os sistemas de transporte, especialmente com o advento dos veículos autónomos:

- **Condução autónoma:** A IA permite a condução autónoma de automóveis e camiões, prometendo transportes mais seguros e eficientes e reduzindo os acidentes e o congestionamento.

- **Gestão do tráfego:** Os algoritmos de IA optimizam o fluxo e o encaminhamento do tráfego, reduzindo os tempos de viagem e o impacto ambiental.
- **Logística e cadeia de fornecimento:** A IA melhora as operações de logística através de análises preditivas, gestão de inventário e otimização de rotas.

4. Educação

As tecnologias de IA estão a remodelar o sector da educação, personalizando as experiências de aprendizagem e melhorando a acessibilidade:

- **Aprendizagem adaptativa:** A IA adapta os conteúdos educativos às necessidades individuais dos alunos e aos seus estilos de aprendizagem, melhorando o empenho e os resultados académicos.
- **Assistentes virtuais:** Os tutores alimentados por IA e as salas de aula virtuais facilitam a aprendizagem à distância e prestam assistência em tempo real a estudantes e educadores.
- **Eficiência administrativa:** A IA automatiza as tarefas administrativas, como a classificação e a calendarização, permitindo que os educadores se concentrem mais no ensino.

5. Agricultura e ambiente

Nos sectores da agricultura e do ambiente, a IA contribui para práticas sustentáveis e para a gestão dos recursos:

- **Agricultura de precisão:** A IA analisa dados de sensores e satélites para otimizar o rendimento das culturas, gerir a utilização da água e reduzir o impacto ambiental.
- **Modelação climática:** Os modelos baseados em IA prevêem padrões climáticos e avaliam os riscos ambientais, informando as decisões políticas e as estratégias de atenuação.
- **Conservação da vida selvagem:** A IA monitoriza e segue o rasto de espécies ameaçadas, ajudando nos esforços de conservação e combatendo a caça furtiva.

6. Vida quotidiana

As tecnologias de IA integram-se cada vez mais nas rotinas diárias, aumentando a comodidade e a eficiência:

- **Casas inteligentes:** Os dispositivos e assistentes alimentados por IA automatizam as tarefas domésticas, gerem o consumo de energia e melhoram a segurança doméstica.
- **Saúde e bem-estar:** Os dispositivos portáteis e as aplicações de IA monitorizam as métricas de saúde, fornecem recomendações de fitness personalizadas e apoiam a telemedicina.

- **Entretenimento:** Os algoritmos de IA personalizam as recomendações de conteúdos para serviços de streaming, melhoram as experiências de jogo com assistentes virtuais e criam experiências interactivas de narração de histórias.

O papel da IA na configuração das indústrias e da vida quotidiana está prestes a expandir-se significativamente nos próximos anos, impulsionando a inovação, a eficiência e a transformação social. Ao adotar um desenvolvimento responsável da IA, abordando considerações éticas e promovendo a colaboração entre as partes interessadas, a sociedade pode aproveitar o potencial da IA para criar um futuro mais conectado, sustentável e inclusivo.

Capítulo 2: Biotecnologia e melhoramento humano

A biotecnologia está na vanguarda da inovação científica, oferecendo profundas possibilidades de melhorar a saúde e as capacidades humanas através da engenharia genética e de outros avanços. Este capítulo explora o potencial transformador da biotecnologia, em particular nos cuidados de saúde, e examina as considerações éticas que envolvem o melhoramento humano.

Engenharia genética: Revolucionar os cuidados de saúde

A engenharia genética permite a manipulação exacta do material genético, prometendo avanços revolucionários nos cuidados de saúde:

- **Terapia genética:** Corrige defeitos genéticos através da introdução de genes terapêuticos nas células dos doentes, oferecendo potenciais curas para doenças hereditárias como a fibrose cística e a distrofia muscular.
- **Tecnologia CRISPR-Cas9:** Facilita a edição precisa de genes, permitindo aos cientistas modificar sequências de ADN com uma precisão e eficiência sem precedentes.
- **Medicina personalizada:** Adapta os tratamentos médicos aos perfis genéticos individuais, optimizando os resultados terapêuticos e minimizando os efeitos adversos.

Considerações éticas sobre a engenharia genética

As implicações éticas da engenharia genética para o melhoramento humano provocam um debate e um escrutínio significativos:

- **Consentimento informado:** Garantir que os indivíduos compreendem os riscos e benefícios das modificações genéticas é crucial para respeitar a autonomia e evitar a coação.
- **Edição da linha germinal:** A edição de genes em embriões ou células germinativas suscita preocupações éticas sobre alterações hereditárias e potenciais consequências indesejadas para as gerações futuras.
- **Equidade e acesso:** Abordar as disparidades no acesso às terapias genéticas e assegurar uma distribuição equitativa dos benefícios e dos riscos pelas diversas populações.

Biotecnologia e mais além: Reforço das capacidades humanas

Para além dos cuidados de saúde, a biotecnologia explora o reforço das capacidades humanas através de aplicações inovadoras:

- **Melhoria cognitiva:** Melhora as funções cognitivas através de agentes farmacológicos ou implantes neurais, levantando questões éticas sobre justiça e consequências não intencionais.
- **Longevidade e envelhecimento:** Investiga intervenções genéticas para prolongar o tempo de vida e atenuar as doenças relacionadas com a idade, equilibrando os potenciais benefícios com as implicações sociais, como a sobrepopulação.
- **Bioética e regulamentação:** Estabelece diretrizes éticas e quadros regulamentares para reger o desenvolvimento e a implantação responsáveis dos avanços biotecnológicos, garantindo a aceitação e a segurança pela sociedade.

Direcções futuras: Integrar a biotecnologia na sociedade

Olhando para o futuro, a biotecnologia está preparada para remodelar profundamente os cuidados de saúde e o potencial humano:

- **Medicina regenerativa:** Os avanços na engenharia de tecidos e nas terapias com células estaminais oferecem novos tratamentos para lesões, doenças e transplantes de órgãos.
- **Bioinformática:** Aproveita os grandes volumes de dados e a IA para analisar informações biológicas, acelerando a descoberta de medicamentos e a medicina personalizada.
- **Saúde mundial:** Aborda os desafios da saúde mundial através de inovações biotecnológicas, incluindo vacinas, diagnósticos e gestão de doenças infecciosas.

A biotecnologia e a engenharia genética representam ferramentas poderosas para o avanço da saúde e das capacidades humanas, mas a sua aplicação levanta questões éticas e implicações sociais complexas. Ao enfrentar estes desafios com previsão ética, rigor científico e diálogo inclusivo, a sociedade pode aproveitar o potencial transformador da biotecnologia, assegurando simultaneamente que os seus benefícios são partilhados de forma equitativa e geridos de forma responsável.

Os dilemas éticos do reforço das capacidades humanas

Os avanços na biotecnologia e na neurotecnologia oferecem oportunidades sem precedentes para melhorar as capacidades humanas, levantando dilemas éticos profundos que desafiam as normas e os valores da sociedade e a própria essência do que significa ser humano. Esta secção explora as considerações éticas e os dilemas associados ao aumento das capacidades humanas através de intervenções tecnológicas.

1. Autonomia e consentimento

O reforço das capacidades humanas através de tecnologias como a engenharia genética ou o melhoramento cognitivo levanta questões críticas sobre a autonomia e o consentimento informado:

- **Tomada de decisões informada:** Os indivíduos devem dispor de informação completa sobre os riscos, benefícios e potenciais consequências a longo prazo das tecnologias de melhoramento para poderem fazer escolhas autónomas.
- **Coerção e pressão:** As pressões sociais ou os incentivos económicos para aumentar as capacidades podem minar a autonomia dos indivíduos, exigindo salvaguardas para evitar a exploração e assegurar a participação voluntária.

2. Igualdade e justiça social

A procura de tecnologias de melhoramento humano pode exacerbar as desigualdades existentes e criar novas formas de estratificação social:

- **Acesso e acessibilidade económica:** O acesso às tecnologias de melhoramento pode ser limitado a indivíduos ou países ricos, aumentando as disparidades em termos de saúde e capacidades.
- **Distribuição equitativa:** Garantir um acesso equitativo às tecnologias de melhoramento é essencial para promover a justiça social e evitar o reforço das desigualdades socioeconómicas.

3. Identidade humana e autenticidade

O reforço das capacidades humanas desafia as noções tradicionais de identidade e autenticidade humanas:

- **Identidade e auto-conceito:** As melhorias tecnológicas podem alterar a perceção que os indivíduos têm de si próprios e das suas relações com os outros, suscitando questões filosóficas sobre a essência da identidade humana.
- **Implicações existenciais:** A procura de capacidades melhoradas levanta preocupações existenciais sobre o significado da existência humana e os limites éticos da alteração de caraterísticas humanas fundamentais.

4. Segurança e riscos a longo prazo

A segurança e as consequências a longo prazo do reforço das capacidades humanas através de intervenções biotecnológicas exigem uma avaliação rigorosa e medidas de precaução:

- **Riscos para a saúde:** As modificações genéticas ou os melhoramentos neurais podem apresentar riscos imprevistos para a saúde, incluindo mutações genéticas, respostas imunitárias ou perturbações neurológicas.
- **Impacto ambiental:** A libertação de organismos geneticamente modificados ou as aplicações ambientais das biotecnologias podem ter consequências ecológicas, exigindo considerações éticas de gestão ambiental.

5. Implicações sociais e valores culturais

O reforço das capacidades humanas pode suscitar debates sociais sobre as implicações éticas e os valores culturais associados às intervenções tecnológicas:

- **Perceção e aceitação pelo público:** As atitudes da sociedade em relação às tecnologias de melhoramento humano variam muito, influenciadas por perspectivas culturais, religiosas e éticas.
- **Supervisão regulamentar:** O estabelecimento de diretrizes éticas e de quadros regulamentares garante o desenvolvimento e a implantação responsáveis das tecnologias de melhoramento, equilibrando a inovação com considerações éticas.

6. Consequências não intencionais e incerteza ética

Os avanços tecnológicos no domínio do melhoramento humano implicam frequentemente consequências imprevistas e incertezas éticas:

- **Consequências não intencionais:** As modificações genéticas ou os melhoramentos cognitivos podem conduzir a resultados sociais, psicológicos ou ambientais indesejados.
- **Tomada de decisões éticas:** A resolução de incertezas éticas exige um diálogo permanente, uma colaboração interdisciplinar e quadros éticos adaptáveis para navegar em dilemas éticos complexos.

O melhoramento das capacidades humanas através de intervenções biotecnológicas apresenta dilemas éticos profundos que requerem uma ponderação cuidadosa, uma previsão ética e um discurso social inclusivo. Ao promover a autonomia, a equidade, a segurança e a sensibilidade cultural no desenvolvimento e aplicação das tecnologias de melhoramento, a sociedade pode enfrentar estes desafios éticos de forma responsável, maximizando simultaneamente os potenciais benefícios para os indivíduos e as comunidades.

Bioética na era do CRISPR e da medicina personalizada

O advento do CRISPR-Cas9 e da medicina personalizada deu início a uma nova era de possibilidades biomédicas, oferecendo oportunidades sem precedentes para tratar doenças a nível genético e adaptar os tratamentos médicos aos perfis genéticos individuais. No entanto, estes avanços também levantam questões e desafios éticos complexos que exigem uma análise cuidadosa e um escrutínio ético. Esta secção explora as considerações bioéticas no contexto do CRISPR-Cas9 e da medicina personalizada.

1. Edição genética e modificação da linha germinal humana

A tecnologia CRISPR-Cas9 permite a edição precisa de genes em embriões humanos, levantando preocupações éticas sobre as alterações hereditárias e as potenciais consequências a longo prazo:

- **Princípios éticos:** As estruturas bioéticas enfatizam princípios como a beneficência, a não maleficência, a justiça e o respeito pela autonomia na orientação das decisões sobre a edição da linha germinal.

- **Impacto intergeracional:** As modificações genéticas em embriões têm impacto nas gerações futuras, suscitando debates sobre as responsabilidades éticas e as implicações para a evolução humana.
- **Supervisão regulamentar:** O estabelecimento de diretrizes e regulamentos internacionais assegura a utilização responsável do CRISPR-Cas9 na edição da linha germinal humana, equilibrando o progresso científico com considerações éticas.

2. Consentimento informado e medicina personalizada

A medicina personalizada adapta os tratamentos médicos aos perfis genéticos e às caraterísticas de saúde individuais, o que exige quadros éticos sólidos para o consentimento informado:

- **Autonomia e tomada de decisões:** Os indivíduos devem compreender os riscos, benefícios e limitações das abordagens de medicina personalizada para tomarem decisões informadas sobre os seus cuidados de saúde.
- **Privacidade genética:** A proteção da informação genética contra o acesso não autorizado ou a utilização indevida é crucial para manter a confidencialidade do paciente e a confiança na medicina personalizada.
- **Equidade e acesso:** Assegurar o acesso equitativo às tecnologias e terapias da medicina personalizada permite abordar as disparidades nos resultados dos cuidados de saúde e promover a justiça social.

3. Implicações éticas dos testes e rastreios genéticos

Os avanços nas tecnologias de teste e rastreio genético levantam considerações éticas relacionadas com a privacidade, a confidencialidade e as implicações da informação genética:

- **Impacto psicossocial:** Os testes genéticos podem revelar informações sobre predisposições a doenças ou condições genéticas, suscitando dilemas éticos relacionados com o bem-estar psicológico e o estigma.
- **Discriminação:** As preocupações com a discriminação genética no emprego, seguros e outros contextos sublinham a necessidade de protecções legais e orientações éticas para salvaguardar os direitos dos indivíduos.

- **Perspectivas culturais e religiosas:** Os debates éticos sobre testes e rastreios genéticos são influenciados por diversas perspectivas culturais, religiosas e filosóficas sobre a saúde, a doença e o determinismo genético.

4. Desafios éticos na investigação biomédica

As considerações éticas na investigação biomédica com CRISPR-Cas9 e tecnologias de medicina personalizada incluem:

- **Integridade da investigação:** Garantir a integridade e a transparência das práticas de investigação, incluindo a comunicação de resultados e potenciais conflitos de interesses.
- **Avaliação benefício-risco:** Equilíbrio entre os potenciais benefícios da investigação e os riscos para os participantes, particularmente em ensaios clínicos e terapias experimentais em fase inicial.
- **Envolvimento da comunidade:** Envolver diversas partes interessadas, incluindo comunidades de doentes e grupos de defesa, na análise ética e na supervisão da investigação biomédica.

5. Saúde global e responsabilidade social

As disparidades globais no acesso ao CRISPR-Cas9 e às tecnologias de medicina personalizada realçam os imperativos éticos relacionados com a equidade na saúde global:

- **Acesso a terapias:** Abordar os obstáculos ao acesso, a acessibilidade dos preços e as limitações das infra-estruturas em locais com poucos recursos, a fim de garantir uma distribuição equitativa dos benefícios dos avanços biomédicos.

- **Reforço de capacidades:** Apoio a iniciativas de reforço das capacidades em matéria de investigação, prestação de cuidados de saúde e governação ética, a fim de promover o desenvolvimento sustentável e a equidade na saúde a nível mundial.
- **Colaboração internacional:** Fomentar a colaboração entre investigadores, decisores políticos e profissionais de saúde além-fronteiras para enfrentar os desafios da saúde mundial e promover as melhores práticas éticas.

A bioética na era do CRISPR-Cas9 e da medicina personalizada exige uma consideração cuidadosa dos princípios éticos, dos valores sociais e dos quadros regulamentares para orientar a inovação responsável e o acesso equitativo aos avanços biomédicos. Ao integrar a reflexão ética, o envolvimento das partes interessadas e a tomada de decisões baseada em provas, a sociedade pode navegar pelas complexidades do progresso biotecnológico, promovendo simultaneamente a integridade ética e protegendo os direitos humanos nos cuidados de saúde.

Capítulo 3: Exploração espacial: Para além do horizonte

A exploração espacial entrou numa nova era caracterizada por empreendimentos privados sem precedentes e pela colaboração internacional. Este capítulo explora a paisagem em evolução da exploração espacial, o papel das empresas privadas e das parcerias internacionais e as implicações para a descoberta científica, a inovação tecnológica e o futuro da humanidade para além da Terra.

A nova corrida espacial: empreendimentos privados

1. **Empresas espaciais privadas**
   - **SpaceX:** Fundada por Elon Musk, a SpaceX foi pioneira na tecnologia de foguetões reutilizáveis com os programas Falcon e Starship, reduzindo significativamente os custos de lançamento e aumentando o acesso ao espaço.
   - **Blue Origin:** Liderada por Jeff Bezos, a Blue Origin centra-se no desenvolvimento de foguetões reutilizáveis como o New Shepard e o New Glenn, com o objetivo de permitir o turismo espacial comercial e a exploração lunar.
   - **Virgin Galactic:** A Virgin Galactic de Richard Branson centra-se no turismo espacial suborbital, oferecendo a particulares a oportunidade de experimentar voos espaciais a bordo da SpaceShipTwo.
2. **Lançamentos de satélites comerciais**
   - Empresas privadas estão a lançar satélites para comunicação, observação da Terra e investigação científica, expandindo a conetividade global e as capacidades de monitorização do planeta.
   - A concorrência entre empresas espaciais privadas impulsiona a inovação em tecnologias de lançamento, conceção de naves espaciais e capacidades de missão, acelerando o ritmo da exploração espacial.

Colaboração internacional na exploração espacial

1. **Estação Espacial Internacional (ISS)**
   - A ISS serve de plataforma de colaboração para as agências espaciais de todo o mundo, incluindo a NASA, a Roscosmos, a ESA, a JAXA e a CSA, conduzindo investigação científica em microgravidade e testando

tecnologias para missões espaciais de longa duração.

- As parcerias internacionais na ISS demonstram a cooperação diplomática na exploração espacial, promovendo a descoberta científica e os avanços na medicina espacial, na ciência dos materiais e na biologia.

2. **Programa Artemis e Exploração Lunar**
   - O programa Artemis da NASA tem como objetivo o regresso de seres humanos à Lua até 2024, colaborando com parceiros internacionais como a ESA, a Roscosmos e a Agência Espacial Canadiana (CSA) para estabelecer uma presença lunar sustentável.
   - A colaboração internacional em missões lunares envolve a partilha de recursos, conhecimentos e capacidades tecnológicas para explorar a superfície da Lua, realizar investigação científica e preparar futuras missões tripuladas a Marte.

Implicações e desafios

1. **Descoberta científica**
   - A exploração espacial gera conhecimentos científicos sobre o cosmos, os corpos planetários e a física fundamental, fazendo avançar a nossa compreensão das origens do universo e do potencial de vida para além da Terra.
   - As missões espaciais em colaboração permitem o acesso partilhado a recursos espaciais, a partilha de dados e publicações científicas conjuntas, promovendo a cooperação global na investigação científica.
2. **Inovação tecnológica**
   - Os empreendimentos privados e a colaboração internacional impulsionam a inovação tecnológica no transporte espacial, na robótica, na inteligência artificial e nos sistemas sustentáveis de apoio à vida, com tecnologias derivadas que beneficiam várias indústrias na Terra.
   - Os avanços na tecnologia espacial contribuem para o crescimento económico, a criação de emprego e o desenvolvimento de novas indústrias, como o turismo espacial, a extração de asteróides e a manutenção de satélites.

Perspectivas futuras: Para além da Terra

1. **Exploração de Marte**
   - o As futuras missões a Marte da NASA, da SpaceX e das agências espaciais internacionais têm como objetivo explorar a superfície do Planeta Vermelho, procurar sinais de vida passada e preparar a colonização humana.
   - o Os desafios incluem as viagens espaciais de longa duração, a exposição à radiação, o suporte de vida em ambientes adversos e a colaboração internacional na exploração marciana.
2. **Política e governação do espaço**
   - o O estabelecimento de acordos internacionais e de políticas espaciais assegura a utilização sustentável dos recursos espaciais, atenua os detritos orbitais e aborda as considerações éticas da exploração espacial, incluindo a proteção do planeta e a gestão do tráfego espacial.
   - o Os quadros de governação global promovem a exploração responsável do espaço, defendem normas éticas e protegem o ambiente espacial para as gerações futuras.

A exploração espacial no século XXI é caracterizada pela inovação privada e pela colaboração internacional, impulsionando a descoberta científica, a inovação tecnológica e expandindo a presença da humanidade para além da Terra. Ao promover a colaboração entre empresas privadas, agências espaciais e parceiros internacionais, a sociedade pode libertar o potencial da exploração espacial para o avanço científico, o crescimento económico e o desenvolvimento sustentável na fronteira cósmica.

Colonização de Marte e o futuro das viagens interplanetárias

A perspetiva da colonização de Marte representa uma fronteira fundamental na exploração e fixação humana para além da Terra. Este tópico explora as considerações científicas, tecnológicas e éticas que envolvem a colonização de Marte e o futuro das viagens interplanetárias.

1. Fundamentação científica para a colonização de Marte

- **Exploração planetária:** Marte oferece oportunidades científicas únicas para estudar a geologia planetária, a história do clima e o potencial de vida passada ou presente.

- **Habitabilidade humana:** Avaliar a aptidão de Marte para a habitação humana implica compreender a sua atmosfera, a composição do solo, os recursos hídricos e o potencial para uma agricultura sustentável.
- **Planetologia Comparada:** A comparação de Marte com a Terra aprofunda a nossa compreensão da evolução planetária, das alterações climáticas e do potencial de terraformação para criar ambientes habitáveis.

2. Desafios e soluções tecnológicas

- **Transporte interplanetário:** O desenvolvimento de naves espaciais capazes de transportar com segurança seres humanos para Marte envolve avanços nos sistemas de propulsão, tecnologias de apoio à vida, proteção contra radiações e capacidades de viagem espacial de longa duração.

- **Operações à superfície:** A conceção de habitats, rovers e infra-estruturas para Marte requer soluções de engenharia robustas para suportar as duras condições marcianas, incluindo temperaturas extremas, tempestades de poeira e baixa gravidade.

- **Utilização de recursos in-situ (ISRU):** O aproveitamento dos recursos marcianos, como o gelo da água para beber, a produção de oxigénio e os materiais de construção, reduz a dependência dos recursos fornecidos pela Terra e apoia os esforços de colonização sustentável.

3. Considerações éticas e sociais

- **Proteção planetária:** Assegurar que a exploração e a colonização de Marte aderem aos protocolos de proteção planetária minimiza o risco de contaminação dos ambientes marcianos com organismos terrestres e preserva a integridade científica.
- **Factores humanos:** Abordagem dos desafios psicológicos, fisiológicos e sociais das missões espaciais de longa duração, incluindo a coesão da tripulação, a saúde mental e a comunicação com a Terra.
- **Quadros éticos:** O estabelecimento de diretrizes éticas para a colonização de Marte inclui considerações sobre governação, atribuição de recursos,

participação equitativa e os direitos das potenciais gerações futuras nascidas em Marte.

4. Implicações económicas e estratégicas

- **Desenvolvimento da indústria espacial:** A colonização de Marte impulsiona a inovação e o crescimento económico nos sectores aeroespacial, da robótica, da biotecnologia e das tecnologias sustentáveis.
- **Colaboração internacional:** Os esforços de colaboração entre agências espaciais, empresas privadas e parceiros internacionais promovem a partilha de recursos, conhecimentos e financiamento para missões ambiciosas a Marte.
- **Influência estratégica:** O estabelecimento de uma presença em Marte aumenta a liderança científica, o prestígio tecnológico e a influência geopolítica entre as nações que exploram o espaço.

5. Perspectivas e desafios futuros

- **Cronograma para a colonização:** A previsão de prazos para a colonização de Marte envolve missões faseadas, prontidão tecnológica, disponibilidade de financiamento e cooperação internacional.
- **Política espacial e governação:** O desenvolvimento de acordos internacionais e de quadros de governação assegura a exploração responsável, a gestão dos recursos e o desenvolvimento sustentável de Marte.
- **Envolvimento do público:** Educar e envolver o público na exploração de Marte promove o apoio, a defesa do financiamento da exploração espacial e o discurso ético sobre o futuro da humanidade como uma espécie multiplanetária.

A colonização de Marte representa um esforço transformador que estende o alcance da humanidade para além da Terra, impulsionado pela curiosidade científica, pela inovação tecnológica e pelas aspirações colectivas de exploração de novas fronteiras. Ao abordar os desafios científicos, tecnológicos, éticos e sociais, a sociedade pode navegar pelas complexidades da colonização de Marte, abrindo novas oportunidades de exploração, descoberta e expansão sustentável no cosmos.

A tecnologia dos satélites e o seu impacto nas comunicações e na observação da Terra

A tecnologia de satélite revolucionou as capacidades de comunicação e de observação da Terra, desempenhando um papel fundamental na conetividade da sociedade moderna, na disseminação da informação e na monitorização ambiental. Este tópico explora o profundo impacto da tecnologia de satélite nas redes de comunicação e nos sistemas de observação da Terra.

1. Satélites de comunicação

- **Conectividade global:** As redes de comunicações por satélite proporcionam uma cobertura global, permitindo transmissões de voz, dados e multimédia em regiões remotas e mal servidas.
- **Serviços de telecomunicações:** Os satélites suportam a telefonia, o acesso à Internet, a radiodifusão e os serviços de comunicações móveis, melhorando a conetividade tanto nas zonas urbanas como nas rurais.
- **Resposta a emergências:** As redes de comunicação por satélite facilitam a gestão de catástrofes, a coordenação da resposta de emergência e a prestação de ajuda humanitária em situações de crise.

2. Satélites de observação da Terra

- **Monitorização ambiental:** Os satélites monitorizam a atmosfera, os oceanos, as superfícies terrestres e as regiões polares da Terra para acompanhar as alterações climáticas, a desflorestação, os níveis de poluição e as catástrofes naturais.
- **Previsão meteorológica:** Os satélites meteorológicos recolhem dados em tempo real sobre os padrões meteorológicos, as flutuações de temperatura e a evolução das tempestades, melhorando a exatidão das previsões meteorológicas e a preparação para catástrofes.
- **Gestão de recursos:** Os satélites de observação da Terra apoiam a agricultura, a silvicultura, o planeamento urbano e a gestão dos recursos hídricos através da deteção remota e da análise de dados espaciais.

3. **Avanços tecnológicos**

- **Instrumentos de deteção remota:** Os satélites estão equipados com sensores avançados, câmaras e sistemas de imagem para captar imagens de alta resolução, dados multiespectrais e observações de infravermelhos.
- **Transmissão e processamento de dados:** Os sistemas de satélite utilizam processadores a bordo, estações terrestres e infra-estruturas de computação em nuvem para transmitir, armazenar e analisar grandes quantidades de dados de satélite quase em tempo real.
- **Integração com IA e Big Data:** Os algoritmos de IA e os modelos de aprendizagem automática analisam os dados de satélite para obter informações, prever tendências ambientais e apoiar a tomada de decisões em vários sectores.

4. **Impacto económico e social**

- **Crescimento económico:** A tecnologia de satélite impulsiona o crescimento económico através de uma melhor infraestrutura de telecomunicações, do aumento do comércio global e de novas oportunidades de negócio no fabrico de satélites, serviços de lançamento e aplicações baseadas em satélites.
- **Benefícios para a educação e investigação:** Os satélites facilitam a aprendizagem à distância, a colaboração na investigação científica e as parcerias académicas em domínios como as ciências ambientais, a geologia e os estudos climáticos.
- **Intercâmbio cultural e conetividade:** As plataformas de media baseadas em satélites permitem o intercâmbio cultural, a divulgação de notícias e a programação de entretenimento, promovendo a conetividade global e a diversidade cultural.

5. **Desafios e tendências futuras**

- **Detritos espaciais e sustentabilidade:** A gestão dos detritos espaciais e das colisões de satélites coloca desafios às operações dos satélites e à sustentabilidade orbital.
- **Preocupações com a cibersegurança:** A proteção das redes de comunicações por satélite e dos dados contra ciberameaças, tentativas de pirataria informática e acesso não autorizado é fundamental para garantir serviços de satélite seguros

e fiáveis.

- **Tecnologias emergentes:** As tendências futuras da tecnologia de satélites incluem a miniaturização, a implantação de constelações (por exemplo, Starlink) e redes de comunicação inter-satélites para melhorar a cobertura global, a capacidade de largura de banda e as velocidades de transmissão de dados.

A tecnologia de satélite continua a transformar as redes de comunicação e as capacidades de observação da Terra, permitindo a conetividade global, a monitorização ambiental e o desenvolvimento socioeconómico. Ao enfrentar os desafios tecnológicos, promover práticas sustentáveis e fomentar a colaboração internacional, a sociedade pode aproveitar todo o potencial da tecnologia de satélites para enfrentar os desafios globais, fazer avançar o conhecimento científico e promover o desenvolvimento inclusivo em todo o mundo.

Capítulo 4: Energias renováveis e desenvolvimento sustentável

A transição global para as fontes de energia renováveis representa uma mudança fundamental nos esforços de desenvolvimento sustentável, com o objetivo de mitigar as alterações climáticas, reduzir a dependência dos combustíveis fósseis e promover a gestão ambiental. Este capítulo explora o rápido crescimento, os avanços tecnológicos, as implicações económicas e os benefícios ambientais das energias renováveis, centrando-se na energia solar, eólica e nas inovações emergentes em soluções de energia sustentável.

1. Energia solar

- **Tecnologia fotovoltaica (PV):** As células solares fotovoltaicas convertem a luz solar diretamente em eletricidade, alimentando casas, empresas e serviços públicos.
- **Parques solares à escala dos serviços públicos:** As instalações solares em grande escala contribuem para a estabilidade da rede e para a independência energética, tirando partido da abundância de radiação solar em regiões com uma exposição solar óptima.
- **Energia solar distribuída:** Os painéis solares no telhado e os projectos solares comunitários permitem que os indivíduos e as comunidades produzam energia limpa a nível local, reduzindo os custos da eletricidade e as pegadas de carbono.
- **Avanços tecnológicos:** As melhorias na eficiência dos painéis solares, as soluções de armazenamento (por exemplo, baterias) e a integração de redes inteligentes aumentam a fiabilidade e a escalabilidade dos sistemas de energia solar.

2. Energia eólica

- **Parques eólicos onshore e offshore:** As turbinas eólicas aproveitam a energia eólica para gerar eletricidade, oferecendo soluções escaláveis de energia renovável em diversas localizações geográficas.
- **Vantagens da energia eólica:** A energia eólica é abundante, renovável e emite um mínimo de gases com efeito de estufa em comparação com os combustíveis fósseis, apoiando os objectivos climáticos e a segurança energética.
- **Desafios:** A intermitência, a integração na rede e os impactos ambientais (por

exemplo, colisões com aves, estética visual) são considerações fundamentais para a implantação da energia eólica.

- **Inovação e crescimento:** Os avanços na conceção das turbinas, as tecnologias eólicas offshore e a análise preditiva optimizam o desempenho e a rentabilidade dos parques eólicos.

3. Para além da energia solar e eólica: tecnologias emergentes

- **Energia hidroelétrica:** As barragens hidroeléctricas e os sistemas a fio de água aproveitam a energia cinética da água corrente para produzir eletricidade de forma sustentável.
- **Energia geotérmica:** A extração de calor da crosta terrestre alimenta as centrais geotérmicas, fornecendo eletricidade de base estável e soluções de aquecimento/arrefecimento.
- **Bioenergia:** A biomassa, o biogás e os biocombustíveis derivados de materiais orgânicos oferecem alternativas renováveis aos combustíveis fósseis nos transportes, no aquecimento e nos processos industriais.
- **Energia das marés e das ondas:** A captação de energia das marés e das ondas oceânicas apresenta potencial para a produção de energia renovável fiável e previsível perto das regiões costeiras.

4. Benefícios económicos e ambientais

- **Criação de emprego e crescimento económico:** O sector das energias renováveis estimula oportunidades de emprego no fabrico, instalação, manutenção e investigação.
- **Independência energética:** A diversificação das fontes de energia reduz a dependência de combustíveis fósseis importados, aumentando a segurança energética nacional e a resistência às flutuações de preços.
- **Mitigação do clima:** A redução das emissões de carbono e dos poluentes atmosféricos atenua os impactos das alterações climáticas, melhorando a saúde pública e a qualidade ambiental.
- **Objectivos de Desenvolvimento Sustentável (ODS):** As energias renováveis estão alinhadas com os objectivos globais de sustentabilidade, promovendo o acesso a energia limpa, a redução da pobreza e o desenvolvimento económico inclusivo.

5. **Apoio político e perspectivas futuras**

- **Incentivos políticos:** Os subsídios do governo, os incentivos fiscais e as normas de carteira renovável (RPS) encorajam o investimento em infra-estruturas de energias renováveis e na inovação tecnológica.
- **Cooperação internacional:** Iniciativas globais como o Acordo de Paris promovem a colaboração internacional em matéria de ação climática e de implantação de energias renováveis.
- **Avanços tecnológicos:** A investigação contínua em armazenamento de energia, modernização da rede e tecnologias de integração de energias renováveis aumenta a fiabilidade e a escalabilidade do sistema.
- **Desafios da transição energética:** Ultrapassar barreiras como os custos de capital inicial, as complexidades regulamentares e a aceitação pública acelera a transição global para um futuro energético sustentável.

A transição para as fontes de energia renováveis, incluindo a energia solar, a energia eólica e as tecnologias emergentes, é fundamental para alcançar os objectivos de desenvolvimento sustentável, atenuar os impactos das alterações climáticas e promover a prosperidade económica. Tirando partido da inovação tecnológica, do apoio político e da cooperação internacional, a sociedade pode acelerar a transição para um sistema energético resiliente e com baixas emissões de carbono que garanta o acesso à energia, a proteção do ambiente e a prosperidade para as gerações futuras.

Inovações no armazenamento e distribuição de energia

As inovações em matéria de armazenamento e distribuição de energia são componentes essenciais da transição para as fontes de energia renováveis, permitindo uma integração eficiente, a estabilidade da rede e um fornecimento de energia fiável. Este tópico explora os avanços nas tecnologias de armazenamento de energia, soluções de redes inteligentes e estratégias de distribuição inovadoras que apoiam a adoção generalizada de energias renováveis.

1. **Sistemas de armazenamento de energia em baterias (BESS)**

- **Baterias de iões de lítio:** Amplamente utilizadas em aplicações residenciais, comerciais e à escala de serviços públicos para armazenar eletricidade produzida a partir de fontes renováveis, como a energia solar e eólica.

- **Vantagens:** A elevada densidade energética, os tempos de resposta rápidos e a escalabilidade tornam as baterias de iões de lítio adequadas para a estabilização da rede, a redução dos picos de consumo e a energia de reserva.
- **Inovação:** A investigação centra-se na melhoria do tempo de vida das baterias, na redução dos custos e no reforço da segurança através de avanços na ciência dos materiais e nos processos de fabrico.

2. Armazenamento hidroelétrico por bombagem

- **Armazenamento mecânico de energia:** Utiliza o excedente de eletricidade para bombear água para altitudes mais elevadas, que será posteriormente libertada através de turbinas para gerar energia hidroelétrica.
- **Vantagens:** A capacidade de armazenamento em grande escala, o ciclo de vida longo e os tempos de resposta rápidos contribuem para a estabilidade da rede e para o equilíbrio das fontes de energia renováveis intermitentes.
- **Inovação:** Explorar configurações avançadas de centrais hidroeléctricas por bombagem e sistemas híbridos que integrem a produção renovável com capacidades de armazenamento de energia.

3. Armazenamento de energia no volante do motor

- **Armazenamento de energia cinética:** A massa rotativa (volante de inércia) converte a energia eléctrica em energia cinética, armazenando-a como movimento de rotação para posterior conversão em eletricidade.
- **Vantagens:** Tempos de resposta rápidos, elevada eficiência e impacto ambiental mínimo em comparação com as baterias químicas.
- **Inovação:** Desenvolvimento de materiais compósitos, rolamentos magnéticos e câmaras de vácuo para aumentar a densidade energética, reduzir as perdas por fricção e prolongar a vida útil.

4. Armazenamento de energia térmica

- **Sistemas de armazenamento de calor:** Capturar e armazenar energia térmica de fontes renováveis (por exemplo, sistemas solares térmicos) ou excesso de eletricidade convertida em calor para utilização posterior.

- **Vantagens:** Permite aplicações de aquecimento e arrefecimento despacháveis, melhora a eficiência energética em edifícios e suporta os requisitos de calor de processos industriais.
- **Inovação:** Os avanços nos materiais de mudança de fase, nos tanques de armazenamento térmico e nos sistemas integrados optimizam a captação de energia, a capacidade de armazenamento e o desempenho térmico.

5. Tecnologias de rede inteligente

- **Modernização da rede:** Integração da comunicação digital, sensores avançados e tecnologias de controlo para otimizar a distribuição de energia, gerir a resposta à procura e aumentar a resiliência da rede.
- **Vantagens:** Facilita a monitorização em tempo real, a análise preditiva e as estratégias de preços dinâmicos para equilibrar as flutuações entre a oferta e a procura e integrar os recursos energéticos distribuídos.
- **Inovação:** Implantação de contadores inteligentes, sistemas de gestão de energia (EMS) e algoritmos de inteligência artificial (IA) para otimização da rede, previsão de cargas e gestão adaptativa da rede.

6. Estratégias de distribuição inovadoras

- **Microrredes:** Sistemas de energia localizados que podem funcionar de forma independente ou ligar-se à rede principal, aumentando a fiabilidade energética, a resiliência e integrando fontes de energia renováveis.
- **Centrais eléctricas virtuais (VPPs):** Agregações de recursos energéticos distribuídos (DERs) como a energia solar fotovoltaica, baterias e tecnologias de resposta à procura para fornecer serviços de rede.
- **Comércio de energia peer-to-peer:** As plataformas baseadas em cadeias de blocos permitem a troca direta de energia entre produtores e consumidores, promovendo a autonomia energética e a eficiência do mercado.

7. Direcções e desafios futuros

- **Redução de custos:** Conseguir economias de escala, reduzir os custos de fabrico e aumentar a eficiência do armazenamento de energia para competir com as fontes de energia convencionais baseadas em combustíveis fósseis.

- **Quadros regulamentares:** Políticas de apoio à implantação do armazenamento de energia, normas de interconexão da rede e incentivos de mercado para a integração das energias renováveis e das tecnologias de armazenamento.
- **Integração tecnológica:** Investigação contínua em ciência dos materiais, algoritmos de otimização da rede e colaborações interdisciplinares para fazer avançar as inovações em matéria de armazenamento e distribuição de energia.
- **Sustentabilidade ambiental:** Minimizar os impactos ambientais das tecnologias de armazenamento de energia, melhorar a reciclabilidade dos materiais e assegurar práticas sustentáveis de eliminação em fim de vida.

As inovações no domínio do armazenamento e distribuição de energia são fundamentais para fazer avançar a transição para as fontes de energia renováveis, aumentar a fiabilidade da rede e promover o desenvolvimento sustentável. Ao promover a inovação tecnológica, o apoio político e os incentivos ao mercado, a sociedade pode acelerar a implantação de soluções de armazenamento de energia, integrar eficazmente as energias renováveis e alcançar um futuro energético resiliente e com baixas emissões de carbono.

A mitigação das alterações climáticas e o esforço global para a sustentabilidade

A atenuação das alterações climáticas envolve esforços para reduzir as emissões de gases com efeito de estufa, aumentar os sumidouros de carbono e adaptar-se aos impactos das alterações climáticas, com o objetivo de limitar o aumento da temperatura global e promover a sustentabilidade ambiental. Este tópico explora as estratégias globais, as inovações tecnológicas, os quadros políticos e as acções sociais que impulsionam a atenuação das alterações climáticas e a sustentabilidade.

1. Estratégias de redução das emissões de gases com efeito de estufa

- **Transição para as energias renováveis:** Acelerar a transição dos combustíveis fósseis para fontes de energia renováveis, como a solar, a eólica, a hidroelétrica, a geotérmica e a biomassa.
- **Eficiência energética:** Melhorar a eficiência energética nos edifícios, transportes, indústrias e aparelhos para reduzir o consumo de energia e as emissões.
- **Descarbonização das indústrias:** Implementação da captura e armazenamento de carbono (CCS), eletrificação e práticas sustentáveis na indústria

transformadora, agricultura e indústrias pesadas.

- **Transformação dos transportes:** Promoção de veículos eléctricos (VE), planeamento urbano sustentável, transportes públicos e alternativas de transporte com baixo teor de carbono para reduzir as emissões.

2. **Soluções baseadas na natureza e remoção de carbono**

- **Florestação e reflorestação:** Plantação de árvores e recuperação de florestas degradadas para aumentar os sumidouros de carbono e a conservação da biodiversidade.
- **Sequestro de carbono no solo:** Adoção de práticas agrícolas regenerativas, como o plantio direto e as culturas de cobertura, para melhorar a saúde do solo e sequestrar carbono.
- **Soluções baseadas no oceano:** Proteger os ecossistemas marinhos, restaurar as zonas húmidas costeiras e promover a gestão sustentável das pescas para atenuar a acidificação dos oceanos e absorver o dióxido de carbono.

3. **Inovações tecnológicas em matéria de atenuação das alterações climáticas**

- **Captura e armazenamento de carbono (CCS):** Capturar as emissões de dióxido de carbono das centrais eléctricas e instalações industriais, transportá-lo e armazená-lo de forma segura no subsolo ou em formações geológicas.
- **Tecnologias de energias renováveis:** Avanços na energia solar fotovoltaica, turbinas eólicas, sistemas de armazenamento de energia e tecnologias de integração na rede para aumentar a eficiência e a escalabilidade.
- **Infra-estruturas resilientes ao clima:** Conceber edifícios, infra-estruturas e sistemas urbanos resilientes para resistir aos impactos climáticos, tais como fenómenos meteorológicos extremos e a subida do nível do mar.

4. **Quadros políticos e cooperação internacional**

- **Acordo de Paris:** Compromisso global para limitar o aumento da temperatura global a menos de 2 graus Celsius acima dos níveis pré-industriais, com o objetivo de atingir 1,5 graus Celsius, através de contributos determinados a nível nacional (CDN).
- **Políticas climáticas nacionais:** Implementação de mecanismos de fixação de

preços do carbono, objectivos em matéria de energias renováveis, regulamentação da redução de emissões e incentivos a práticas sustentáveis.

- **Cooperação internacional:** Esforços de colaboração entre nações, empresas e sociedade civil para partilhar conhecimentos, tecnologia e recursos financeiros para a ação climática e a sustentabilidade.

5. Acções sociais e mudança de comportamento

- **Sensibilização e educação do público:** Sensibilização para os impactes das alterações climáticas, fomento da gestão ambiental e promoção de estilos de vida e padrões de consumo sustentáveis.
- **Envolvimento da comunidade:** Capacitar as comunidades locais, os povos indígenas e os grupos marginalizados nos esforços de adaptação e atenuação das alterações climáticas.
- **Responsabilidade empresarial:** Incentivar as empresas a adotar práticas sustentáveis, reduzir a pegada de carbono e investir em tecnologias e cadeias de abastecimento ecológicas.

6. Desafios e perspectivas futuras

- **Justiça climática:** Abordar questões de equidade e justiça social, garantindo que as populações vulneráveis têm acesso a recursos, medidas de adaptação e infra-estruturas resistentes ao clima.
- **Barreiras tecnológicas:** Ultrapassar as limitações tecnológicas, aumentar a escala das soluções de energia limpa e reduzir os custos para acelerar a transição energética global.
- **Implementação de políticas:** Reforçar os quadros regulamentares, aumentar a transparência e acompanhar os progressos para alcançar os objectivos internacionais em matéria de clima e os objectivos de desenvolvimento sustentável.

Os esforços de atenuação das alterações climáticas e de sustentabilidade exigem uma ação global coordenada, soluções inovadoras e políticas transformadoras para alcançar um futuro resiliente e com baixas emissões de carbono. Ao integrar soluções baseadas na natureza, inovações tecnológicas, quadros políticos e acções sociais, a sociedade pode atenuar os impactos climáticos, promover a sustentabilidade ambiental e salvaguardar o planeta para as gerações futuras.

Capítulo 5: A revolução digital: Conectividade e cibersegurança

A revolução digital transformou a conetividade global através da proliferação de dispositivos com acesso à Internet e da Internet das Coisas (IoT). Este capítulo explora as profundas implicações da IoT na conetividade, os avanços tecnológicos, os desafios da cibersegurança e os impactos sociais na era digital.

1. A Internet das Coisas (IoT)

- **Definição e âmbito de aplicação:** A IoT refere-se à rede de dispositivos, sensores e sistemas interligados que comunicam e trocam dados através da Internet.
- **Cenário tecnológico:** A IoT engloba dispositivos inteligentes nas casas (electrodomésticos inteligentes, termóstatos), nas indústrias (IoT industrial para automação e monitorização), nos cuidados de saúde (dispositivos portáteis, monitorização remota de doentes), na agricultura (sensores para agricultura de precisão) e nas cidades (infra-estruturas inteligentes para gestão urbana).
- **Conectividade:** Os dispositivos IoT utilizam tecnologias sem fios (Wi-Fi, Bluetooth, Zigbee, LTE) para transmitir dados, permitindo a monitorização, o controlo e a automatização em tempo real em diversos sectores.

2. Implicações para a conetividade

- **Eficiência e produtividade melhoradas:** A IoT permite a tomada de decisões baseada em dados, a manutenção preditiva e a melhoria da eficiência operacional em indústrias e infra-estruturas urbanas.
- **Conveniência para o consumidor:** As casas inteligentes integram dispositivos IoT para controlo remoto de aparelhos, gestão de energia, sistemas de segurança e experiências personalizadas.
- **IoT nos cuidados de saúde:** A monitorização remota dos doentes, a telemedicina e os rastreadores de saúde portáteis melhoram a prestação de cuidados de saúde, os resultados dos doentes e a gestão das doenças crónicas.
- **Cidades inteligentes:** As aplicações IoT no planeamento urbano, na gestão dos transportes, na gestão dos resíduos e na segurança pública melhoram a utilização dos recursos e a qualidade de vida dos cidadãos.

2. **Avanços tecnológicos**

- **Computação de ponta:** O processamento de dados mais próximo da fonte (dispositivos IoT) reduz a latência, melhora a privacidade dos dados e suporta a análise e a tomada de decisões em tempo real.
- **Conectividade 5G:** As redes 5G de alta velocidade e baixa latência facilitam a escalabilidade loT, a conetividade para um grande número de dispositivos e o suporte para aplicações com uso intensivo de largura de banda.
- **Integração de Inteligência Artificial (IA):** Os algoritmos de IA analisam os fluxos de dados da IoT para reconhecimento de padrões, deteção de anomalias e análise preditiva, optimizando o desempenho do sistema e as experiências do utilizador.

4. **Desafios da cibersegurança**

- **Preocupações com a privacidade dos dados:** Os dispositivos IoT recolhem e transmitem dados pessoais e organizacionais sensíveis, aumentando os riscos de privacidade e os desafios de conformidade regulamentar.
- **Vulnerabilidades dos dispositivos:** As vulnerabilidades de segurança da IoT (palavras-passe predefinidas, falta de actualizações de firmware) expõem os dispositivos a pirataria informática, malware e acesso não autorizado.
- **Segurança de rede:** A segurança das redes IoT contra ciberameaças, ataques DDoS e violações de dados exige uma encriptação robusta, mecanismos de autenticação e segmentação da rede.
- **Quadros regulamentares:** Os governos e os organismos de normalização do sector desenvolvem regulamentos (RGPD, CCPA) e orientações de cibersegurança para proteger a privacidade dos dados dos consumidores e a segurança dos dispositivos IoT.

5. **Impactos sociais**

- **Fosso digital:** Abordar as disparidades no acesso à Internet das coisas, na literacia digital e na adoção de tecnologias entre diferentes grupos socioeconómicos e regiões geográficas.
- **Transformação da força de trabalho:** A IoT impulsiona a procura de competências em cibersegurança, análise de dados, desenvolvimento de

software e integração de sistemas IoT em todos os sectores.

- **Considerações éticas:** Equilíbrio entre os benefícios da IdC (eficiência, conveniência) e as preocupações éticas (privacidade, propriedade dos dados, enviesamento dos algoritmos) no desenvolvimento e implantação de tecnologias.

6. Tendências e oportunidades futuras

- **Expansão do ecossistema IoT:** Crescimento contínuo da adoção da IoT nas indústrias (fabrico, logística, energia), cuidados de saúde, agricultura e iniciativas de cidades inteligentes.
- **Integração de blockchain:** Proteger as transacções IoT, melhorar a integridade dos dados e permitir redes IoT descentralizadas através da tecnologia blockchain.
- **Sustentabilidade ambiental:** as aplicações da loT na gestão da energia, na conservação dos recursos e na monitorização ambiental contribuem para os objectivos de sustentabilidade e para a resistência às alterações climáticas.

A IdC revoluciona a conetividade, a produtividade e as interações sociais na era digital, oferecendo oportunidades de inovação, crescimento económico e melhoria da qualidade de vida. A resposta aos desafios da cibersegurança, o reforço dos quadros regulamentares e a promoção da inclusão digital são fundamentais para concretizar todo o potencial da IdC, salvaguardando simultaneamente a privacidade, a segurança e as considerações éticas num mundo interligado.

Desafios da cibersegurança num mundo hiperconectado

Os desafios da cibersegurança num mundo hiperconectado são cada vez mais complexos e generalizados, impulsionados pela rápida expansão das tecnologias digitais, dos dispositivos interligados e da conetividade global. Este tópico explora as ameaças críticas à cibersegurança, as vulnerabilidades, as estratégias de atenuação e as implicações para os indivíduos, as organizações e as sociedades na era digital.

1. Cenário de ameaças

- **Actores de ciberameaças:** Cibercriminosos sofisticados, hackers patrocinados pelo Estado, hacktivistas e ameaças internas exploram vulnerabilidades para obter ganhos financeiros, espionagem, perturbação ou motivos ideológicos.

- **Malware e Ransomware:** Vírus, worms, cavalos de Troia e ataques de ransomware comprometem sistemas, encriptam dados e extorquem pagamentos, causando perdas financeiras e interrupções operacionais.
- **Phishing e engenharia social:** E-mails enganadores, sites falsos e tácticas de engenharia social manipulam os utilizadores para que divulguem informações sensíveis ou instalem software malicioso.
- **Vulnerabilidades da IoT:** Os dispositivos IoT inseguros, sem actualizações de firmware, palavras-passe predefinidas e encriptação fraca, são susceptíveis a ataques de botnet, violações de dados e acesso não autorizado.

2. Preocupações com a privacidade dos dados

- **Proteção de dados pessoais:** A recolha, o armazenamento e o processamento de informações pessoais por empresas e governos suscitam preocupações sobre violações de dados, roubo de identidade e conformidade regulamentar (por exemplo, GDPR, CCPA).
- **Vigilância e invasão da privacidade:** As tecnologias de vigilância, as práticas de agregação de dados e os mecanismos de rastreio põem em causa os direitos de privacidade e as liberdades civis em ambientes digitais.
- **Considerações éticas:** Equilibrar a utilidade dos dados (por exemplo, conhecimentos baseados em IA, serviços personalizados) com princípios éticos (transparência, consentimento, controlo do utilizador) para proteger a privacidade e os direitos dos consumidores.

3. Infra-estruturas e segurança das redes

- **Proteção de infra-estruturas críticas:** Proteger as redes de energia, os sistemas de transporte, as redes de cuidados de saúde e os serviços financeiros contra ciberataques para garantir a segurança pública, a continuidade dos serviços e a segurança nacional.
- **Segurança na nuvem:** Proteger serviços, armazenamento e aplicações baseados na nuvem contra violações de dados, acesso não autorizado e interrupções de serviços através de encriptação, autenticação e segregação de dados.
- **Riscos da cadeia de fornecimento:** Avaliar e mitigar os riscos de

cibersegurança em cadeias de fornecimento globais, fornecedores terceiros e dependências de software para evitar ataques à cadeia de fornecimento e comprometimento de dados.

4. **Governação e regulamentação da cibersegurança**

- **Conformidade regulamentar:** Cumprir as normas de cibersegurança, os regulamentos do sector e as leis de proteção de dados para reduzir os riscos legais, as sanções financeiras e os danos à reputação.
- **Parcerias público-privadas:** Colaboração com agências governamentais, autoridades policiais, empresas de cibersegurança e universidades para partilhar informações sobre ameaças, melhores práticas e coordenação da resposta a incidentes.
- **Seguro cibernético:** Investir em apólices de seguro cibernético para reduzir as perdas financeiras, cobrir os custos de resposta a incidentes e gerir os danos à reputação no caso de um ataque cibernético.

5. **Tecnologias emergentes e desafios**

- **Inteligência artificial (IA) e aprendizagem automática:** As ciberdefesas orientadas para a IA, os algoritmos de deteção de ameaças e a análise preditiva melhoram as capacidades de cibersegurança, ao mesmo tempo que introduzem riscos como os ataques adversários e o enviesamento da IA.
- **Computação quântica:** Os potenciais avanços na computação quântica ameaçam os métodos de encriptação tradicionais, exigindo o desenvolvimento de enquadramentos de criptografia e cibersegurança seguros para a computação quântica.
- **Segurança 5G e IoT:** A rápida implantação de redes 5G e a proliferação de dispositivos IoT aumentam as superfícies de ataque, os requisitos de largura de banda e as vulnerabilidades, exigindo princípios robustos de segurança desde a conceção e monitorização contínua.

6. **Factores humanos e ciber-higiene**

- **Formação em ciberconsciência:** Educar os utilizadores sobre esquemas de phishing, tácticas de engenharia social, segurança de palavras-passe e comportamentos seguros em linha para reforçar a resiliência da cibersegurança a nível individual e organizacional.

- **Vigilância dos funcionários:** Promover uma cultura de sensibilização para a cibersegurança, a comunicação de incidentes e a deteção proactiva de ameaças entre os funcionários para reduzir as ameaças internas e os erros humanos.
- **Análise comportamental:** Monitorização dos comportamentos dos utilizadores, padrões de acesso e actividades anómalas para detetar ameaças internas, contas comprometidas e tentativas de acesso não autorizado.

7. Cooperação global e ciber-resiliência

- **Quadros internacionais de cibersegurança:** Promover normas mundiais, tratados de cibersegurança e esforços diplomáticos para fazer face às ciberameaças transnacionais, aos ataques patrocinados pelo Estado e às estratégias de ciberguerra.
- **Resposta a incidentes cibernéticos:** Desenvolvimento de planos coordenados de resposta a incidentes, protocolos de gestão de crises e colaboração intersectorial para atenuar os ciberataques e minimizar o impacto nas infra-estruturas críticas e nas economias nacionais.

Os desafios da cibersegurança num mundo hiperconectado exigem medidas proactivas, colaboração e adaptação contínua para salvaguardar a infraestrutura digital, proteger os dados sensíveis e manter a confiança nas tecnologias digitais. Ao aumentar a sensibilização para a cibersegurança, reforçar as defesas e promover a cooperação internacional, as sociedades podem mitigar as ciberameaças, preservar os direitos de privacidade e garantir um futuro digital seguro e resiliente.

Capítulo 6: O futuro do trabalho: Automatização, trabalho remoto e transformação da força de trabalho

O futuro do trabalho está a sofrer uma transformação significativa, impulsionada pelos avanços na automatização, pelo aumento do trabalho remoto e pela evolução da dinâmica da força de trabalho. Este capítulo explora os factores tecnológicos, económicos e sociais que estão a moldar o futuro do trabalho, as implicações para os trabalhadores e empregadores e as estratégias para enfrentar estas mudanças.

Automatização e inteligência artificial no local de trabalho

A integração da automação e da inteligência artificial (IA) no local de trabalho está a revolucionar as indústrias e a remodelar a natureza do trabalho. Este tópico explora os avanços tecnológicos que impulsionam a automação e a IA, o seu impacto em vários sectores, as implicações para os trabalhadores e as estratégias necessárias para navegar eficazmente nesta transformação.

1. Avanços tecnológicos na automatização e na IA

- **Tecnologias de automatização:**
  - **Robótica:** Utilização de robôs na indústria transformadora, logística e outras indústrias para executar tarefas repetitivas e de mão de obra intensiva com precisão e eficiência.
  - **Robotic Process Automation (RPA):** Robôs de software (bots) que automatizam tarefas digitais rotineiras e baseadas em regras, como a introdução de dados, o processamento de transacções e a criação de relatórios.
  - **Automação industrial:** Integração de sensores, sistemas de controlo e dispositivos IoT para monitorizar e automatizar processos industriais, melhorando a produtividade e reduzindo o erro humano.
- **Inteligência Artificial:**
  - **Aprendizagem automática (ML):** Algoritmos de IA que aprendem com os dados para fazer previsões, classificações e decisões, melhorando ao longo do tempo com mais dados.
  - **Processamento de linguagem natural (PNL):** IA que permite às

máquinas compreender, interpretar e responder à linguagem humana, alimentando aplicações como chatbots, assistentes virtuais e tradução de línguas.

- **Visão por computador:** Tecnologia de IA que permite às máquinas interpretar e tomar decisões com base em dados visuais, utilizada no controlo de qualidade, veículos autónomos e vigilância.

2. **Impacto nos sectores**

- **Fabrico:**
  - **Fábricas inteligentes:** Integração da IA e da automação nos processos de fabrico para criar fábricas inteligentes com manutenção preditiva, monitorização em tempo real e linhas de produção automatizadas.
  - **Controlo de qualidade:** Sistemas de visão por computador orientados por IA para inspeção da qualidade em tempo real, reduzindo os defeitos e garantindo a consistência do produto.
- **Cuidados de saúde:**
  - **IA de diagnóstico:** algoritmos de IA para diagnosticar doenças a partir de imagens médicas, prever os resultados dos doentes e personalizar os planos de tratamento.
  - **Automatização na administração:** A RPA na administração dos cuidados de saúde para automatizar a faturação, a marcação de consultas e a gestão dos dados dos doentes.
- **Finanças:**
  - **Negociação algorítmica:** Algoritmos de negociação orientados por IA que analisam dados de mercado e executam transacções a alta velocidade, optimizando as estratégias de investimento.
  - **Deteção de fraudes:** Modelos de aprendizagem automática para detetar transacções e actividades fraudulentas em tempo real.
- **Retalho:**
  - **Gestão de inventário:** IA e automatização para controlo de inventário em tempo real, previsão da procura e reabastecimento automático.
  - **Marketing personalizado:** Sistemas de recomendação orientados por IA para recomendações personalizadas de produtos e campanhas de

marketing direcionadas.

3. **Implicações para os trabalhadores**

- **Deslocação do emprego:**
  - **Automatização de tarefas de rotina:** A automatização de tarefas repetitivas e rotineiras pode levar à deslocação de postos de trabalho para funções centradas nestas actividades, tais como escriturários de introdução de dados, trabalhadores de linhas de montagem e pessoal administrativo.
  - **Impacto setorial:** Certos sectores, como a indústria transformadora e a logística, podem sofrer reduções significativas de mão de obra devido à automatização.
- **Criação de emprego:**
  - **Novos papéis:** Emergência de novos papéis no desenvolvimento da IA, na ciência dos dados, na manutenção da robótica e na ética da IA.
  - **Colaboração Homem-IA:** Oportunidades para os trabalhadores colaborarem com os sistemas de IA, aumentando as suas capacidades e produtividade.
- **Requalificação e atualização de competências:**
  - **Aprendizagem contínua:** Necessidade de os trabalhadores se empenharem numa aprendizagem contínua para adquirirem novas competências relevantes para o mercado de trabalho em evolução.
  - **Programas de formação:** Importância dos programas de requalificação e melhoria de competências para ajudar os trabalhadores na transição para novas funções e indústrias.

4. **Estratégias para navegar na transformação**

- **Estratégias empresariais:**
  - **Planeamento da força de trabalho:** Planeamento proactivo da força de trabalho para identificar funções susceptíveis de automatização e desenvolver estratégias para requalificar os empregados afectados.
  - **Envolvimento dos funcionários:** Envolver os funcionários no processo

de transição, proporcionar transparência sobre as mudanças e oferecer apoio e formação.

- **Iniciativas educativas:**
  - **Actualizações curriculares:** Atualizar os currículos educativos para incluir competências relevantes para a IA, a ciência dos dados e a automatização.
  - **Parcerias:** Colaborações entre a indústria, o meio académico e o governo para criar programas de formação e cursos de certificação.
- **Política e regulamentação:**
  - **Políticas de apoio:** Políticas governamentais para apoiar os trabalhadores deslocados pela automação, tais como subsídios de desemprego, programas de reciclagem e serviços de colocação de emprego.
  - **Normas éticas de IA:** Desenvolvimento de normas e regulamentos éticos para garantir uma implantação responsável da IA, abordando questões como o preconceito, a transparência e a responsabilidade.

5. Perspectivas futuras e oportunidades

- **Inovação e produtividade:**
  - **Aumento da eficiência:** A automatização e a IA podem aumentar significativamente a eficiência e a produtividade em vários sectores, impulsionando o crescimento económico.
  - **Aceleração da inovação:** Os conhecimentos e a automatização baseados na IA podem acelerar a inovação, conduzindo a novos produtos, serviços e modelos de negócio.
- **Transformação da força de trabalho:**
  - **Modelos de trabalho híbridos:** Misturar a criatividade humana e as capacidades de resolução de problemas com as capacidades analíticas da IA para criar modelos de trabalho híbridos.
  - **Aprendizagem ao longo da vida:** Sublinhar a importância da aprendizagem ao longo da vida para se adaptar à paisagem tecnológica em constante evolução.

A automação e a IA estão a transformar o local de trabalho, oferecendo oportunidades para uma maior eficiência, inovação e criação de novos empregos, ao mesmo tempo que colocam desafios relacionados com a deslocação de empregos e a requalificação da força de trabalho. Ao adotar estratégias proactivas, fomentar a aprendizagem contínua e promover práticas éticas de IA, as sociedades podem navegar pelas complexidades desta transformação e construir um futuro em que humanos e máquinas coexistam e prosperem num ambiente de trabalho colaborativo, inovador e equitativo.

2. O trabalho à distância e o local de trabalho digital

A rápida adoção do trabalho remoto e a transformação do local de trabalho digital redefiniram a forma como as organizações funcionam e como os funcionários executam as suas tarefas. Este tópico analisa os factores subjacentes à mudança para o trabalho remoto, os benefícios e desafios associados, as ferramentas digitais que permitem esta transição e o futuro do trabalho num ambiente híbrido.

1. Factores que impulsionam a adoção do trabalho remoto

- **Pandemia de COVID-19:** A pandemia global obrigou muitas organizações a adotar o trabalho remoto para garantir a continuidade do negócio, respeitando as orientações de saúde e segurança.
- **Avanços tecnológicos:** A proliferação da Internet de alta velocidade, a computação em nuvem e as ferramentas de colaboração tornaram o trabalho à distância viável e eficiente.
- **Equilíbrio entre trabalho e vida pessoal:** Aumento da procura de flexibilidade entre os trabalhadores para equilibrar as responsabilidades profissionais com a vida pessoal e reduzir o tempo de deslocação.
- **Poupança de custos:** As empresas beneficiam de custos gerais reduzidos, tais como espaço de escritório e serviços públicos, ao adoptarem práticas de trabalho remoto.

2. Benefícios do trabalho remoto

- **Aumento da produtividade:** Os estudos demonstraram que muitos empregados apresentam níveis de produtividade mais elevados quando trabalham a partir de casa, livres das distracções do escritório.
- **Expansão da reserva de talentos:** As organizações podem contratar talentos de uma área geográfica mais alargada, acedendo a uma força de trabalho

diversificada e qualificada.

- **Satisfação dos empregados:** O trabalho à distância oferece maior flexibilidade, contribuindo para uma maior satisfação no trabalho e para a retenção dos trabalhadores.
- **Impacto ambiental:** A redução das deslocações pendulares conduz a uma diminuição das emissões de carbono, contribuindo para a sustentabilidade ambiental.

3. Desafios do trabalho à distância

- **Comunicação e colaboração:** Manter uma comunicação e colaboração eficazes num ambiente virtual pode ser um desafio, exigindo ferramentas e estratégias digitais robustas.
- **Isolamento e saúde mental:** Os trabalhadores à distância podem sentir-se isolados e solitários, o que afecta a sua saúde mental e o seu bem-estar.
- **Fronteiras entre a vida profissional e a vida pessoal:** O esbatimento das fronteiras entre a vida profissional e a vida pessoal pode conduzir ao esgotamento e ao stress se não for corretamente gerido.
- **Riscos de segurança:** O trabalho à distância apresenta riscos de cibersegurança, como redes domésticas não seguras e maior vulnerabilidade a ataques de phishing.

4. Ferramentas digitais que permitem o trabalho à distância

- **Plataformas de colaboração:**
  - **Videoconferência:** Ferramentas como o Zoom, o Microsoft Teams e o Google Meet facilitam as reuniões virtuais, os webinars e a colaboração entre equipas.
  - **Gestão de projectos:** Plataformas como Asana, Trello e Monday.com ajudam a gerir tarefas, projectos e fluxos de trabalho da equipa.
  - **Comunicação:** As aplicações de mensagens instantâneas, como o Slack e o Microsoft Teams, permitem a comunicação em tempo real e a partilha de ficheiros entre os membros da equipa.
- **Computação em nuvem:**
  - **Armazenamento e partilha de ficheiros:** Os serviços de armazenamento na nuvem, como o Google Drive, Dropbox e OneDrive, permitem o

acesso seguro a ficheiros a partir de qualquer lugar.

  - **Aplicações SaaS:** As aplicações Software-as-a-Service (SaaS) fornecem acesso remoto a ferramentas empresariais essenciais, como CRM, ERP e sistemas de gestão de RH.

- **Redes Privadas Virtuais (VPNs):** As VPNs asseguram um acesso remoto seguro às redes e recursos da empresa, protegendo os dados sensíveis contra ameaças cibernéticas.

- **Ferramentas de produtividade:**
  - **Colaboração em documentos:** Ferramentas como o Google Docs e o Microsoft Office 365 permitem a edição colaborativa em tempo real de documentos, folhas de cálculo e apresentações.
  - **Gestão do tempo:** Aplicações como o Toggl, o Clockify e o RescueTime ajudam os trabalhadores remotos a controlar o seu tempo e a gerir a produtividade.

5. Gerir equipas remotas

- **Definir expectativas claras:** A definição de objectivos, resultados e prazos garante que os colaboradores remotos compreendem as suas responsabilidades e os indicadores de desempenho.
- **Verificações regulares:** Reuniões individuais e de equipa frequentes ajudam a manter a comunicação, fornecem feedback e abordam quaisquer desafios enfrentados pelos trabalhadores remotos.
- **Incentivar a interação social:** As actividades virtuais de criação de equipas, os eventos sociais e os canais de conversação informais promovem um sentido de comunidade e camaradagem.
- **Prestação de apoio:** Oferecer recursos para a saúde mental, configurações ergonómicas de escritório em casa e desenvolvimento profissional para apoiar o bem-estar e o crescimento dos trabalhadores remotos.

6. O futuro do trabalho: modelos híbridos

- **Ambientes de trabalho híbridos:** A combinação do trabalho no escritório com o trabalho à distância permite aos empregados escolherem a modalidade de trabalho que melhor se adapta às suas necessidades e preferências.

- **Horários de trabalho flexíveis:** Oferecer horários flexíveis e opções de trabalho assíncrono para acomodar diferentes fusos horários e compromissos pessoais.
- **Reformulação dos espaços de escritório:** Adaptar os espaços físicos dos escritórios para apoiar o trabalho híbrido, com assentos flexíveis, zonas de colaboração e integração tecnológica.
- **Adaptação contínua:** Avaliar e ajustar regularmente as políticas, tecnologias e práticas de trabalho remoto para garantir que satisfazem as necessidades organizacionais e dos colaboradores em constante evolução.

7. Estratégias para o sucesso no local de trabalho digital

- **Investir em tecnologia:** Assegurar que os empregados têm acesso a ferramentas e infra-estruturas digitais fiáveis e actualizadas para desempenharem as suas tarefas de forma eficiente.
- **Formação e desenvolvimento:** Fornecer formação sobre ferramentas digitais, melhores práticas de trabalho remoto e sensibilização para a cibersegurança para aumentar a produtividade e a segurança.
- **Fomentando uma cultura de trabalho remoto:** Cultivar uma cultura de confiança, responsabilidade e inclusão que valorize o trabalho remoto como parte integrante da estratégia organizacional.
- **Monitorização do desempenho e do bem-estar:** Implementação de ferramentas e processos para monitorizar o desempenho e o bem-estar dos colaboradores, e resolução de problemas de forma proactiva.

O trabalho remoto e o local de trabalho digital estão a transformar a forma como as organizações funcionam e como os funcionários executam as suas tarefas. Embora ofereça inúmeros benefícios, como o aumento da produtividade, a expansão da reserva de talentos e a redução de custos, o trabalho remoto também apresenta desafios que precisam de ser geridos de forma eficaz. Ao aproveitar as ferramentas digitais, promover uma cultura de apoio e adotar modelos de trabalho flexíveis, as organizações podem navegar pelas complexidades do trabalho remoto e criar um local de trabalho digital resistente, adaptável e produtivo.

3. Dinâmica da força de trabalho e mudança organizacional

O local de trabalho moderno está a passar por profundas transformações impulsionadas pelos avanços tecnológicos, pela mudança das expectativas da força de trabalho e pela evolução dos modelos de negócio. Este tópico explora as principais dinâmicas que estão a remodelar a força de trabalho, as implicações para a mudança organizacional e as estratégias para gerir eficazmente esta transição.

1. Alteração da demografia da força de trabalho

- **Diversidade de gerações:**
  - **Força de trabalho multigeracional:** As organizações são cada vez mais compostas por grupos etários diversos, incluindo os Baby Boomers, a Geração X, os Millennials e a Geração Z, cada um com valores, competências e expectativas únicas.
  - **Colmatar as lacunas:** A comunicação e a colaboração efectivas entre gerações são cruciais para aproveitar os pontos fortes de uma força de trabalho diversificada.
- **Aumentar a diversidade e a inclusão:**
  - **Diversidade cultural:** Abraçar uma força de trabalho global significa incorporar diferentes origens, perspectivas e experiências culturais.
  - **Iniciativas de inclusão:** Implementação de políticas e práticas para promover a inclusão, a equidade e o respeito por todos os funcionários.
- **Equilíbrio e igualdade de género:**
  - **Colmatar o fosso entre os géneros:** esforços para alcançar a paridade entre os géneros em posições de liderança e reduzir as disparidades salariais.
  - **Políticas de apoio:** Políticas como a licença parental, acordos de trabalho flexíveis e programas de orientação para apoiar a igualdade de género.

2. Evolução dos modelos de emprego

- **Economia Gig e Freelancing:**
  - **Aumento do número de freelancers:** Um número crescente de profissionais está a optar pelo trabalho freelancer, procurando flexibilidade, autonomia e oportunidades diversificadas.
  - **Economia de plataforma:** Plataformas digitais como Upwork, Fiverr e TaskRabbit ligam freelancers a clientes, facilitando a economia gig.

- **Trabalho remoto e híbrido:**
    - **Procura de flexibilidade:** Os trabalhadores estão a dar prioridade a modalidades de trabalho flexíveis, o que leva à adoção generalizada de modelos de trabalho remoto e híbrido.
    - **Redesenho do local de trabalho:** As organizações estão a repensar os espaços de escritório para apoiar uma mistura de trabalho no escritório e remoto.
- **Contrato e trabalho a tempo parcial:**
    - **Acordos alternativos:** Prevalência crescente de acordos de trabalho a tempo parcial, temporários e contratuais para satisfazer as necessidades empresariais flutuantes e as preferências dos trabalhadores.
    - **Benefícios e desafios:** Embora estas disposições ofereçam flexibilidade, também colocam desafios em termos de segurança no emprego, benefícios e progressão na carreira.

3. Impacto da tecnologia na dinâmica da força de trabalho

- **Transformação digital:**
    - **Automatização e IA:** Integração da automatização e da IA em várias funções profissionais, conduzindo a uma maior eficiência, produtividade e inovação.
    - **Mudança de competências:** Aumento da procura de competências digitais, literacia de dados e capacidade de trabalhar com tecnologias avançadas.
- **Ferramentas de colaboração:**
    - **Colaboração virtual:** Utilização de plataformas de colaboração como o Microsoft Teams, Slack e Zoom para facilitar a comunicação e o trabalho em equipa em equipas remotas e distribuídas.
    - **Colaboração em tempo real:** As ferramentas que permitem a partilha de documentos, a edição e a gestão de projectos em tempo real aumentam a produtividade e simplificam os fluxos de trabalho.
- **Análise do local de trabalho:**
    - **Percepções baseadas em dados:** Aproveitar a análise do local de trabalho para obter informações sobre o desempenho, o envolvimento e o bem-estar dos funcionários.

- o **Análise Preditiva:** Utilizar a análise preditiva para antecipar as tendências da força de trabalho, identificar lacunas de competências e informar as estratégias de gestão de talentos.

4. Mudança e Adaptação Organizacional

- **Estruturas organizacionais ágeis:**
  - o **Hierarquias planas:** A mudança para estruturas organizacionais mais planas para promover a agilidade, a tomada de decisões mais rápida e a inovação.
  - o **Equipas multifuncionais:** Enfatizar a colaboração inter-funcional para aproveitar os diversos conhecimentos e impulsionar o sucesso do projeto.
- **Gestão da mudança:**
  - o **Comunicação eficaz:** Comunicação transparente e contínua para envolver os funcionários, reduzir a resistência e promover a adesão durante a mudança organizacional.
  - o **Envolvimento dos funcionários:** Envolver os funcionários no processo de mudança através de feedback, participação e capacitação.
- **Liderança e gestão:**
  - o **Liderança transformacional:** Líderes que inspiram, motivam e orientam os funcionários através da mudança, promovendo uma cultura de inovação e adaptabilidade.
  - o **Gestão adaptativa:** Gestores flexíveis, abertos a novas ideias e capazes de gerir equipas diversificadas num ambiente dinâmico.

5. Bem-estar dos trabalhadores e equilíbrio entre vida profissional e pessoal

- **Saúde mental e bem-estar:**
  - o **Programas de apoio:** Implementação de apoio à saúde mental, programas de bem-estar e recursos para promover o bem-estar dos funcionários.
  - o **Cultura do local de trabalho:** Promover uma cultura que dê prioridade à saúde mental, encoraje conversas abertas e reduza o estigma.
- **Acordos de trabalho flexíveis:**
  - o **Integração trabalho-vida:** Oferecer horários flexíveis, opções de

trabalho remoto e políticas de licença para ajudar os funcionários a equilibrar o trabalho e as responsabilidades pessoais.

- **Autonomia dos trabalhadores:** Dar aos empregados a possibilidade de gerir os seus horários e ambientes de trabalho para aumentar a produtividade e a satisfação.

6. **Aprendizagem e desenvolvimento**

- **Aprendizagem contínua:**
  - **Cultura de aprendizagem ao longo da vida:** Incentivar uma cultura de aprendizagem contínua, de atualização de competências e de requalificação profissional para acompanhar os avanços tecnológicos e as mudanças no sector.
  - **Plataformas de aprendizagem:** Aproveitamento de plataformas de aprendizagem em linha, cursos de e-learning e sessões de formação virtuais para proporcionar oportunidades de aprendizagem acessíveis e flexíveis.
- **Desenvolvimento da liderança:**
  - **Líderes emergentes:** Identificar e fomentar os líderes emergentes através de programas de orientação, formação em liderança e iniciativas de desenvolvimento de carreira.
  - **Desenvolvimento de competências:** Centrar-se no desenvolvimento de competências transversais, como a comunicação, a inteligência emocional e o pensamento crítico, a par das competências técnicas.

7. **Tendências e previsões para o futuro da força de trabalho**

- **Sustentabilidade do trabalho remoto:**
  - **Viabilidade a longo prazo:** Avaliar a sustentabilidade dos modelos de trabalho remoto, potenciais impactos na cultura organizacional e estratégias para manter a produtividade e o envolvimento.
  - **Políticas de trabalho à distância:** Desenvolver políticas de trabalho à distância claras e abrangentes para abordar as expectativas, os indicadores de desempenho e os mecanismos de apoio.
- **Integração da IA e da força de trabalho:**
  - **Colaboração Homem-IA:** Explorar o potencial da IA para aumentar as

capacidades humanas, melhorar a tomada de decisões e impulsionar a inovação.

    - **Práticas éticas de IA:** Assegurar a implantação ética da IA, abordar o preconceito e promover a transparência e a responsabilização.

- **Diversidade, Equidade e Inclusão (DEI):**
    - **Compromisso com a DEI:** Reforçar o compromisso com as iniciativas de DEI, medir o progresso e promover uma cultura inclusiva no local de trabalho.
    - **Liderança inclusiva:** Promover práticas de liderança inclusivas que valorizem a diversidade, incentivem perspectivas diversas e conduzam a resultados equitativos.

A dinâmica da força de trabalho moderna é caracterizada por mudanças demográficas, modelos de emprego em evolução, avanços tecnológicos e a necessidade de adaptação contínua. As organizações que adoptam estas mudanças, promovem uma cultura de aprendizagem contínua e dão prioridade ao bem-estar e à inclusão dos trabalhadores estarão mais bem posicionadas para navegar pelas complexidades do futuro do trabalho. Ao aproveitarem os pontos fortes de uma força de trabalho diversificada e adaptável, as organizações podem impulsionar a inovação, a produtividade e o crescimento sustentável num panorama empresarial em constante mudança.

4. Implicações económicas e considerações políticas

- **Perturbação económica:** Impacto da automatização e do trabalho à distância nas estruturas económicas, nos mercados de trabalho e na distribuição dos rendimentos, potencialmente agravando as desigualdades.
- **Intervenções políticas:** Políticas e regulamentos governamentais para apoiar as transições da força de trabalho, fornecer redes de segurança social e incentivar a educação e a formação contínuas.
- **Responsabilidade das empresas:** O papel das empresas no apoio à adaptação da mão de obra, no investimento no desenvolvimento dos trabalhadores e na promoção de práticas éticas de IA e de automatização.

5. **Inovações tecnológicas que estão a moldar o futuro do trabalho**

- **Ferramentas de colaboração avançadas:** Desenvolvimento de tecnologias de realidade virtual (RV), realidade aumentada (RA) e imersivas para uma melhor colaboração e formação à distância.
- **Gestão da força de trabalho orientada por IA:** Utilizar a IA para aquisição de talentos, avaliação de desempenho e percursos personalizados de aprendizagem e desenvolvimento.
- **Blockchain e ambientes de trabalho seguros:** Implementar a cadeia de blocos para transacções seguras e transparentes e plataformas de trabalho descentralizadas para aumentar a confiança e a integridade dos dados.

6. **Impactos sociais e considerações éticas**

- **Deslocação da força de trabalho:** Abordar as implicações sociais da deslocação de postos de trabalho devido à automatização, incluindo o apoio aos trabalhadores deslocados e intervenções a nível comunitário.
- **Fosso digital:** Garantir um acesso equitativo às infra-estruturas, ferramentas e educação digitais para colmatar o fosso digital e permitir uma participação inclusiva na economia digital.
- **Ética na IA e na automatização:** Promover considerações éticas na implantação da IA, garantindo a transparência, a responsabilidade e a equidade nos processos automatizados de tomada de decisões.

7. **Direcções e oportunidades futuras**

- **Aprendizagem ao longo da vida:** Sublinhar a importância da aprendizagem ao longo da vida e do desenvolvimento contínuo de competências para se adaptar à evolução do panorama profissional e aos avanços tecnológicos.
- **Inovação colaborativa:** Promover a colaboração entre governos, empresas, instituições de ensino e sociedade civil para enfrentar os desafios da mão de obra e aproveitar as oportunidades.
- **Práticas de trabalho sustentáveis:** Incentivar práticas de trabalho sustentáveis, políticas de trabalho à distância e tecnologias ecológicas para reduzir o impacto

ambiental e promover a sustentabilidade.

O futuro do trabalho é caracterizado por rápidos avanços tecnológicos, pela evolução das modalidades de trabalho e por transformações significativas da força de trabalho. Ao adotar a automatização, apoiar o trabalho remoto, investir na requalificação e na melhoria das competências e promover práticas éticas e inclusivas, as sociedades podem navegar nestas mudanças e criar um futuro do trabalho resiliente, adaptável e equitativo.

Conclusão

O século XXI é um testemunho dos notáveis avanços da ciência e da tecnologia, que remodelam fundamentalmente o nosso mundo e a forma como vivemos. Desde o surgimento da inteligência artificial e o potencial da biotecnologia para revolucionar os cuidados de saúde até às novas fronteiras da exploração espacial, das energias renováveis e da revolução digital, estamos a assistir a uma era de mudanças e oportunidades sem precedentes. Estes avanços, no entanto, vêm acompanhados de considerações éticas significativas, implicações sociais e impactos económicos que requerem uma navegação cuidadosa. Ao olharmos para o futuro, é imperativo abraçar a inovação e, ao mesmo tempo, fomentar o crescimento inclusivo, garantir práticas éticas e promover a sustentabilidade. Os governos, as empresas e os indivíduos devem colaborar para enfrentar os desafios e aproveitar os benefícios destas revoluções tecnológicas. Ao fazê-lo, podemos construir um futuro que não seja apenas tecnologicamente avançado, mas também equitativo, sustentável e enriquecido com oportunidades para todos.

Referências

Allcott, H. & Gentzkow, M. (2017) Social media and fake news in the 2016 presidential election. *Journal of Economic Perspectives,* 31 (2), 211-236.

Baird, D., Shew, A. (2004). Investigando a história da microscopia de tunelamento de varrimento. Em Discovering the Nanoscale.

Bardosova, M., Wagner, T. (2013). Série Ciência para a Paz e Segurança da NATO -C: Segurança ambiental Nanomateriais e nanoarquiteturas Uma revisão complexa dos tópicos atuais e suas aplicações.

Barnhart, B. (2019, fevereiro). Tudo o que você precisa saber sobre algoritmos de redes sociais. *Sprout Social.*

Barone, M. (2006). Astropartículas, Física de Partículas e do Espaço, Detectores e Aplicações de Física Médica - Actas da 9ª Conferência. Hackensack, N.J.: World Scientific.

Becker, G. (2019, 16 de janeiro). The elusive embryo: how women and men approach new reproductive technologies. Berkeley: University of California Press. Centro de Controlo e Prevenção de Doenças.

Printed by Books on Demand GmbH, Norderstedt / Germany